小户型装出大格局

清新自然风格

SMALL MODEL, LARGE PATTERN
FRESH NATURAL STYLE

张志为　李艺　编著

U0222319

江苏凤凰科学技术出版社

图书在版编目（CIP）数据

小户型装出大格局. 清新自然风格 / 张志为，李艺编著. -- 南京：江苏凤凰科学技术出版社，2016.1
ISBN 978-7-5537-5538-0

Ⅰ. ①小… Ⅱ. ①张… ②李… Ⅲ. ①住宅－室内装饰设计 Ⅳ. ①TU241

中国版本图书馆CIP数据核字(2015)第242809号

小户型装出大格局　清新自然风格

编　　　著	张志为　李　艺
项 目 策 划	凤凰空间/祝良伟　刘立颖
责 任 编 辑	刘屹立
特 约 编 辑	祝良伟

出 版 发 行	凤凰出版传媒股份有限公司
	江苏凤凰科学技术出版社
出版社地址	南京市湖南路1号A楼，邮编：210009
出版社网址	http://www.pspress.cn
总 经 销	天津凤凰空间文化传媒有限公司
总经销网址	http://www.ifengspace.cn
经 　 销	全国新华书店
印 　 刷	北京彩和坊印刷有限公司

开　　　本	787 mm×1 092 mm　1 / 16
印　　　张	7
字　　　数	56 000
版　　　次	2016年1月第1版
印　　　次	2023年3月第2次印刷

标 准 书 号	ISBN 978-7-5537-5538-0
定　　　价	39.80元

图书如有印装质量问题，可随时向销售部调换（电话：022-87893668）。

序

现在，小户型住宅的项目越来越多，"小户型"也逐渐成为现代生活的代名词，还记得几年前的经济适用房面积都在140多平方米以上，而现如今，小户型住宅大量涌现，这不只是因为土地资源有限，还受居住人群和家庭结构改变的影响。

这本书主要收录的是当下非常流行的小户型家居设计，其实做家居设计主要满足三种需求——行为需求、视觉需求和心理需求。行为需求是指人在生活中必备的功能需求；视觉需求是指色彩、材质的搭配所形成的和谐的视觉效果；而心理需求主要是一种潜意识和无意识的需求。

本套《小户型装出大格局》系列丛书非常实用，集聚了全国各地中坚力量的青年设计师的优秀作品。作者从功能要求、空间布局、颜色搭配、材料选择以及氛围的营造等方面入手，针对每个案例进行了图文并茂的详解。这些风格迥异的案例，不仅能使读者了解现代设计师对小空间的美学营造以及设计巧思，而且还能使其掌握设计的发展动向与潮流，更重要的是通过对一个个真实的小户型案例的参考与借鉴，设计师们能打造出更宜居和人性化的幸福空间。

由于编者的学术水平有限，本书可能存在一些不足之处，敬请读者批评和指正。

张志为

前言

家，是人类永恒不变的追求，对于家的期望，往往寄托了人们毕生的情感。作为一名室内设计师，需要打造出能够打动人内心的空间归属感，让家成为人们最大的情感依靠和心灵港湾。

风格清新的家，能够使人忘却身在钢筋水泥丛林职场中的疲惫，彻底放松身心，回归自然的平静。本书中所展现的地中海以及田园风便是清新、自然的代表风格。

地中海风格是类海洋风格装修的典型代表，因其富有浓郁的地中海人文风情和地域特征而得名。地中海风格装修是最富有人文精神和艺术气质的装修风格之一。它通过空间设计上连续的拱门、马蹄形窗户等来体现空间的通透性，用栈桥状露台和开放式房间功能分区体现开放性，这些都是通过一系列开放性和通透性的建筑装饰语言来表达地中海装修风格的自由精神内涵；同时，它通过取材天然的材料方案，来体现人们向往自然，亲近自然，感受自然的生活情趣，进而体现地中海风格的自然思想内涵；地中海风格装修还通过以海洋的蔚蓝色为基调的颜色搭配方案，自然光线的巧妙运用，富有流线及梦幻色彩的线条等软装特点来表述其浪漫情怀；地中海风格装修在家具设计上大量采用宽松、舒适的家具来体现地中海风格装修的休闲体验。因此，自由、自然、浪漫、休闲是地中海风格装修的精髓。

田园风格家居的本质就是让生活在其中的人感到亲近和放松，在大自然的怀抱中享受精致的人生，田园风格重在对自然的表现，但不同的田园有不同主题，进而也衍生出多种风格，中式的、欧式的、美式的，甚至还有东南亚的田园风情。但在家居风格上我们常说的还是以欧美风格为主的欧式田园风格。这种风格强调华美的布艺以及纯手工的制作，配以大量绿色、花卉和春天的色彩。田园风格之所以受到大多数人的喜爱，原因在于人们对高品质生活向往的同时又对复古思潮有所怀念。所以该风格还带有浓浓的复古情结，它往往通过营造浪漫和谐的氛围给人一种舒适、自然和悠闲自在的感觉。田园风格倡导"回归自然"，美学上推崇"自然美"，力求表现悠闲、舒畅的田园生活情趣。

不论是装修风格、色彩、材质或是表现手法，归根结底都是为空间情感服务。对于装修风格的选择，大多都是人们对于理想生活的向往和追求的真实反映，因而在设计中，我们更应该重视的是对于风格精髓的呈现，而非是形式上的体现。

人，是设计的本源；情感，是设计的灵魂；生活，是设计的素材。

由伟壮

目录

贰室空间

清浅时光 006

午后阳光·惬意生活 010

青梅竹马 016

麋鹿森林 020

时光温软 024

悦澜湾 028

春天的童话 034

夏末·优雅 040

地中海风格 044

花开半夏 050

蓝色的期许 054

叁室空间

葱茏岁月·雅致如歌 060

十分颜色 066

书香绿苑 072

时尚阿拉伯 078

悠悠西林下 084

鸟语花香 090

粉色的蝴蝶 096

合景峰汇 102

珊瑚岛奇遇记 108

卡座节省餐厅空间

清浅时光

主设计师：于园

本案的面积为 90 平方米，设计师在原有格局的基础上没有做太多的改动，原有格局相对也比较合理，考虑业主的预算和家庭生活的需求，设计师采用简化硬装的做法。

项目地点：鸿雁名居
设计单位：北岩设计
主要材料：硅藻泥、木板墙、复合地板

平面示意图

整个空间的光照都很充足,灯光以暖色调为主,烘托出明亮简单、自由时尚的温馨氛围。

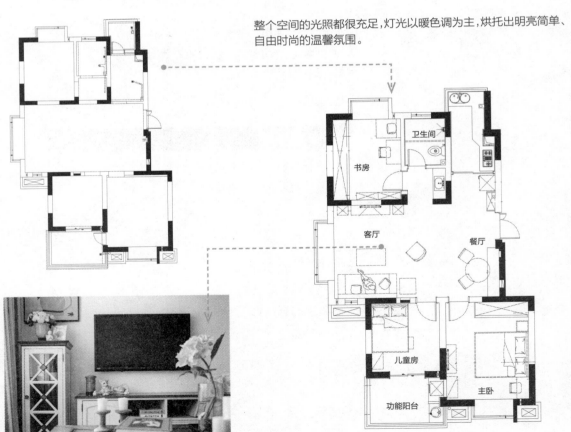

ⓑ 客厅装修材料

整个空间都是以白色调为主，同时也让彩色点缀其中。推开门，跳入眼帘的就是大红底色的单人沙发，没有大家惯以为的乡土气息，反而多了一丝意外的惊喜。

1 白色乳胶漆
2 复合木地板
3 实木板

设计师寻觅很久的彩条窗帘，让空间色彩活络起来。

C 富有生活情趣的餐厅

为节约餐厅空间，设计师设计了卡座，再添加两把红色的餐椅，为餐厅增加了俏皮、活泼之感。

设计师运用了欧式家具与整个空间颜色、小饰品的搭配，营造出一个清新亮丽的家。餐桌上的鲜花为空间增添了灵动的气息。

D 厨房装修材料

1 仿古铝扣条
2 防滑地砖
3 瓷砖
4 实木橱柜
5 人造大理石

色彩明快的卧室

在软装搭配上以素色的家具搭配为主，使得整个空间清新自然，在硬装上没有做过多的粉饰，更多地注重实用性和空间性的软装色调搭配，营造出一个淡雅、温馨、舒适的环境。

统一色彩增强餐厅延伸感
02 午后阳光·惬意生活

主设计师：于园

本案呈现的是一幅纯净的美式乡村风格，摒除传统美式繁杂的造型与厚重的色彩，给我们诠释一个随意自在的休闲居所。

设计单位：北岩设计
主要材料：进口墙纸、进口面砖、仿古砖

A 平面示意图

整个空间都是以暖色调为主，运用了白色和红色等暖色调的木制家具，用暖色烘托出午后阳光，惬意生活的意境。

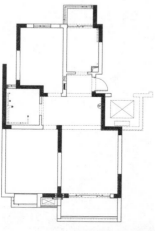

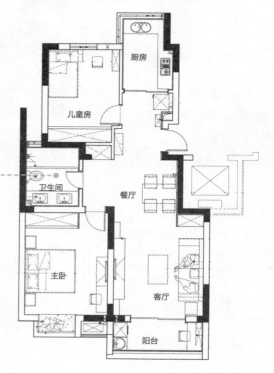

B 客厅装修材料

客厅以略带做旧感的白色及中性色彩为主，经过精心设计的电视背景造型，简单却恰到好处的实用。而沙发背景以及复古的绿棕色系菱形格子壁纸与餐厅背景遥相呼应，延伸了空间的统一感。

1 白色乳胶漆
2 仿古砖
3 装饰壁纸

中性色彩的客厅

客厅中白色旧麻质的布艺沙发，与白色显纹木质家具搭配，饱满且富有情趣。而沙发上与背景壁纸同一色系的靠垫，更体现出设计师在色彩与材质上对整体空间的把握。

Ⓓ 风味独到的餐厅

餐厅青色仿古砖的拼花铺设，与整体居室很好的融合并增加了空间感，更使地面的设计有了质感。
红棕色原木家具的搭配，犹如午后一杯红茶，温醇而回味悠长。

卧室装修材料

优雅的铁艺床、随意的藤蔓壁纸、质朴的仿古砖使整个空间
得体有度。自然质朴的色调与陈设，展现出了一幅闲适随意
的画面。

1 白色乳胶漆
2 装饰壁纸
3 仿古砖

温馨童趣儿童房

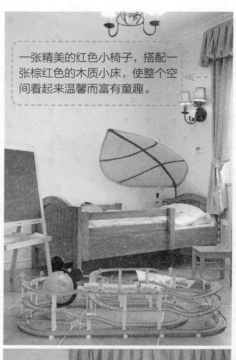

一张精美的红色小椅子，搭配一
张棕红色的木质小床，使整个空
间看起来温馨而富有童趣。

儿童房不容易出彩的往往是色彩，太艳过于幼
稚，太素过于暗沉。而设计师用极好的功底将
儿童房的色彩乃至材质等搭配得十分出彩，给
小主人一个阳光、有氧气的森林王国。

白色系厨房

1 白色乳胶漆
2 瓷砖
3 防滑砖

暖色调的灯光随处可见，柔和恬静的光线使人心情舒畅，把一切烦恼暂时抛到一边，在松弛中得到休息，尽享午后惬意。

环保材料装扮健康的家

青梅竹马

主设计师：于园

本方案建筑面积 92 平方米，客厅、餐厅、主卧、次卧、书房、厨房、洗手间和功能阳台分布合理，私密度高。设计师从低碳角度出发，空间分割合理，低碳环保。设计师采用极其有张力的设计手法，用统一的白色模糊空间的界限，从而达到延伸空间的效果。

设计单位：北岩设计
主要材料：白色乳胶漆、壁纸、进口面砖、烤漆面板、瓷砖

 ## 平面示意图

有人说：那些年，草木森然，岁月静好。她，带着林间露水的清新；他，犹如雨林古木般英拔。他们来自热带雨林，因为从小的生长环境、父母的言传身教，他们耳濡目染，对大自然也心存感激。此设计的主题是：绿色、低碳、环保。

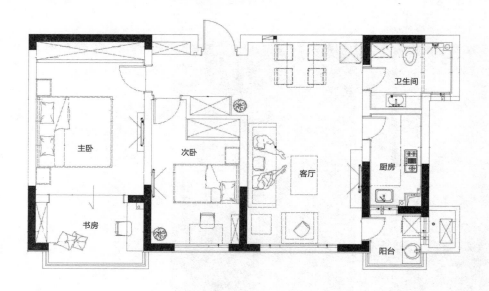

B 绿色地毯装扮春色客厅

1 白色乳胶漆
2 壁纸
3 进口面砖
4 地毯

设计师在客厅使用大量白色，可以提高亮度，让空间更开阔，从而弱化凌乱感，给人一种置身于温暖又清新的氛围中的感受。

D 透明座椅搭配简约餐厅

设计师在本案中以白色为主色调，绿色和
红色为点缀色，再结合墙纸、窗帘和灯光，
使空间形成丰富的阴影和立体效果，整体
造型简洁大气。

E 简约清新的厨卫

1 瓷砖
2 人造大理石台面
3 白色乳胶漆
4 烤漆面板
5 进口面砖

设计师在洗手间使
用隐藏灯，灯光
可使空间在视觉上
显得更宽敞。本方
案采用多种照明方
式，为整体空间增
添了趣味性。

1 白色乳胶漆
2 马赛克瓷砖
3 人造大理石台面
4 瓷砖

绿色软包装扮清新卧室

主卧室床头使用绿色系软包装饰，使得整个卧室充满清新舒适感。

绿色墙纸装扮工作间

工作间用绿色墙纸装扮，既有护眼效果，又与房间的整体装修风格相呼应。

1 白色乳胶漆
2 软包
3 进口面砖
4 复合木地板

巧妙利用几何铁门
麋鹿森林

主设计师：周晓安

本案原有户型为一室一厅，设计师考虑到后期需要增加一个房间的功能，便把原有的生活阳台拆除，使客厅的部分空间规划到次卧室之中，为了增加储物空间，次卧室的设计为榻榻米。原户型缺少入户鞋柜，设计师后期设计时增加了鞋柜设计，使得业主的生活便利性更加突显。

设计单位：晓安设计事务所
主要材料：白色乳胶漆、壁纸、实木板、灰色石材地砖、实木家具

A 平面示意图

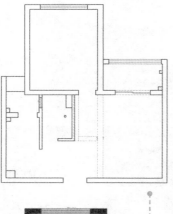

本案原户型为一室一厅，考虑到后期需要增加一个房间的功能，设计把原有的生活阳台拆除，把客厅的部分空间规划到次卧室。原户型缺少入户鞋柜，后期设计上增加鞋柜设计，使得此案例的生活便利性更加突显。

1 灰色石材地砖
2 实木板
3 米色瓷砖
4 光滑白色瓷砖

卫生间面积也利用到原厨房阳台规划后期的淋浴房，马桶位置与洗漱盆在一条动线上，使用起来更加舒适，洗漱盆上方的镜柜设计，在小户型的空间经常见到，既有装饰镜面的功能又有储物功能。

Ⓑ 森林系的客厅

客厅电视背景墙在设计时为了采光充足，设计师在次卧室和背景墙的隔断上设计了白色的几何铁门，此设计既有隔断效果又不影响采光。

1 白色乳胶漆
2 仿砖石墙纸
3 灰色石材地砖
4 定制壁纸

墙面的白桦林艺术墙纸，黑白辉映就像诉说着一个故事。

高使用率的餐厅

厨房的设计在结构上改动不大，原厨房的生活阳台面积偏小，使用率不高，设计师把厨房和卫生间的多余墙体全部拆除，拓宽厨房的使用面积。

1 实木板
2 仿砖石墙纸
3 灰色石材地砖
4 白色乳胶漆

温馨自然的卧室

主卧室的基调是温馨自然，明黄色的床头台灯是整个空间唯一的色彩。

1 复合木地板
2 实木家具
3 白色乳胶漆

次卧室的设计为榻榻米，这使储物空间得到了充分利用。设计师考虑到次卧室的隐私性，在木花格后方预留的灯槽处挂上了白色的薄纱。

阳台空间巧利用

时光温软

主设计师：杨萍

轻触散落的阳光，斑驳的倒影里。春天的脚步声轻起，浮躁与喧嚣渐离渐远，心灵澄澈如昔，时光温软，岁月静好，静静享受光影的爱意。这就是本案的主题。

设计单位：厦门镕菲装饰设计有限公司
主要材料：仿古砖、硅藻泥、复古瓷砖、白色乳胶漆、文化砖

A 平面示意图

都市生活的压力越来越大，人们开始向往简单、自然、环保的生活空间，本案设计虽然是只有 100 平方米的住宅，但借着室内空间的解构和重组，能帮助我们在纷扰的现实生活中找到平衡，缔造出一个令人轻松、环保、宁静、开阔的写意空间。

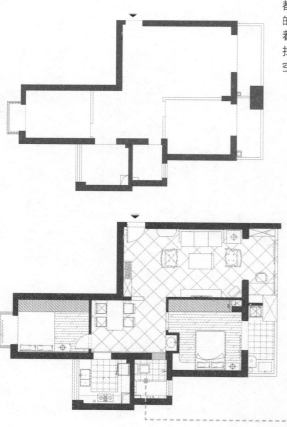

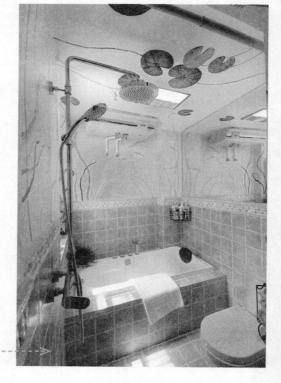

B 温暖色调的客厅

柔和的米色布艺沙发、黄色的墙面硅藻泥和天然的环保肌理，衬托出原木家具的粗犷，铁艺的灯饰丰富了空间的层次。

1 白色乳胶漆
2 硅藻泥
3 复古瓷砖

由于楼层不高、光线较弱，设计师大胆的拆除阳台推拉门，把整个阳台的阳光引进客厅，并在角落设计了一个书桌，阳光透过纱帘唯美的花纹洒进室内、是何等的惬意。

自然淳朴的餐厅

1 原木餐桌
2 硅藻泥

简洁而充满自然气息的原木餐桌，表达出业主对大自然的向往。一旁墙面的墙柜，既起到了装饰作用又具备储藏功能，美观实用。

厨房装修材料

厨房明亮整洁，采光性好，设计师把靠墙边的原始架构突出的墙体间隔出来，作为放置调味料的区域。

1 文化砖
2 实木柜门橱柜
3 彩色乳胶漆

采光充足的卧室

卧室素雅的白色调在灯光的照射下显得非常温馨，蓝色的窗帘更为空间增添了一份静谧。

1 白色乳胶漆
2 硅藻泥
3 实木木地板

06

厨房储物功能巧利用

悦澜湾

主设计师：周晓安

整个空间的色彩运用以简洁的白色为主，无论是吧台、墙纸还是沙发都以浅色为基调。
在整洁的白色中配以木质感的展示柜和餐桌等，局部的黄色用来表达平实的生活气息，
而那极具现代感的黑色沙发使整个氛围与众不同。

设计单位：晓安设计事务所
主要材料：白色乳胶漆、复合木地板、人造大理石、防滑地砖

平面示意图

本案多采用时尚、简约的家具，简洁
而有品味，很吻合田园风格朴实的氛
围，家具主要以黑白两色为主，辅助
其他的原木色，相得益彰。

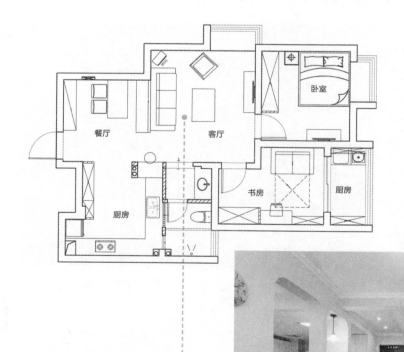

B 独立落地灯装饰客厅

客厅的软装搭配给人一种小清新、小俏皮的感觉，与其他色系相呼应，使得整个空间的气质内敛而又不失现代感。

1 白色乳胶漆
2 彩色乳胶漆
3 复合木地板

卡座隔离餐厅

餐厅和客厅用卡座隔开，
既能起到隔断作用又能把
卡座作为餐桌椅使用。

D 储物功能齐备的厨房

原结构厨房面积不大，改动方案后，增加了它的储物空间，把厨房原有的非承重墙拆除，改造成开放式厨房，可以增加厨房的使用面积，而原有的储物柜位置仍然保留。

厨房的色彩是简约的白色，极具现代感。

ⓕ 精致小飘窗卧室

ⓕ 独立淋浴房卫生间

卫生间内用玻璃隔离出一个淋浴房，此设计使整个空间干净整洁。

1 铝扣板
2 防滑地砖
3 瓷砖

1 白色乳胶漆
2 彩色乳胶漆

主卧色彩搭配和谐、鲜明，
氛围活跃。彩格床单和墙
上的挂画都为这个空间创
造了轻松舒适的感觉。

简约舒适的工作间

工作间主要以黑白两色时尚简约的家具为主，简洁而有品位，家具的木质感也体现出了田园风格朴实的氛围。一旁的沙发亦可做卧床，工作后可在此稍作休憩，既实用又美观。

1 白色乳胶漆
2 彩色乳胶漆
3 复合木地板

繁花壁纸打造空间统一感

春天的童话

主设计师：于园

家不再是苍白冰冷的墙面和死气沉沉的地面的组合体，给家一个色调，给家一种精彩，在复古风中寻找那些遗失的美好，发掘出别样的精彩是本案设计的宗旨。在开放的空间里以暖色调为主，复古图案的米色墙纸，白色棕木饰面墙对应拱形门廊深色复古浮雕面地板装点的电视墙、小型罗马柱隔断突出亮点。

设计单位：北岩设计
主要材料：壁纸、罗马柱、实木地板、进口仿古砖

平面示意图

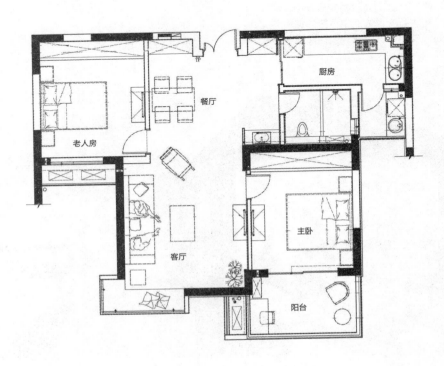

1 白色乳胶漆
2 装饰壁纸
3 仿古砖

通透朝阳，清风穿堂而过，四季清爽。开放的大露台、轻盈的落地窗，将户外的自然美景与户内空间融为一体，让人足不出户也犹如漫步在自然空间中。

B 连接卧室背景墙的客厅

1 白色乳胶漆
2 实木板
3 仿古砖

在开放的空间里以暖色调为主，复古图案的米色墙纸和棕色木饰墙面，对应拱形门廊及深色复古浮雕面地板装点的电视墙，营造出一种舒适的氛围。

① 品味高雅的餐厅

餐厅地面采用仿古小砖对角拼贴法，这与厨房的装饰遥相呼应。在餐厅古铜色的稻穗造型灯下，同色调的墙纸和木饰面相对比、相融合，仿古的木质餐桌上紫色薰衣草花朵灿烂，浅色条纹桌旗沿着桌面垂下来，是怎样的一种惬意。

Ⓓ 卧室装修材料

1 白色乳胶漆
2 装饰壁纸
3 仿古砖

卧室背景墙运用深色复古壁纸装饰，使室内显得沉稳安逸，在灯光的照射下与整体空间混为一体，清爽而明朗。

温暖老人房

灯光的颜色与墙面的颜色相互呼应，橘黄色的射灯使电视背景墙更加立体别致，而房间亮白的灯光给人宁静安稳的视觉感受。

多格收纳柜打造简约客厅

夏末·优雅

主设计师：胡芳

本案例位于广州的五羊新村片区，建筑面积 58 平方米，使用面积 44 平方米，原格局很方正，光线也非常好。最初的相识，正是业主最迷惘无助的时候，因为那时她的家已在开工初期，砌了拆，拆了又砌，没有专业的设计师整体引导与建议，让本身就非常忙碌的她更加烦心，在这样的一种情况下我们开始了合作。

设计单位：胡狸设计事务所
主要材料：有色墙漆、装饰壁纸、仿古地砖

平面示意图

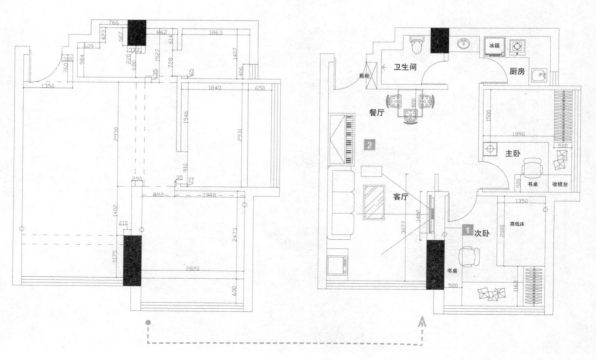

原格局中的客厅电视背景墙面积非常小,只有 1.5 米的长度。拆掉原有的玻璃门,让客厅面积得到扩充,然后再统一背景墙的整体性设计,让人从视觉上感觉到电视背景墙与客厅的无限延伸。

B 简约艺术风格客厅

简约的客厅处处散发着浓浓的艺术气息。在简约的空间里,整体氛围清新灵动。

◑ 客厅装修材料

客厅中有大量的木质多格
收纳柜，每个柜格摆放不
同种类的盆栽，使整个空
间有序而又有生机盎然。

1 杏色乳胶漆
2 文化砖
3 抛光抛釉地砖
4 杏色乳胶漆

1 白色乳胶漆
2 抛光砖
3 木纹饰面板

卧室装修材料

1 粉红色乳胶漆
2 复合木地板
3 大理石

卧室的设计是美式乡村风格，它的最大特色是运用简洁的线条及温润的材质，营造出休闲又不失时尚的空间氛围。

合理规划功能分区
地中海风格

09

主设计师：赖小丽

本案以蓝、黄、白色调打造温馨浪漫的地中海风情；由于房屋有着 15 年房龄，属于旧房改造，原客厅空间狭小，所以设计师把生活阳台融入客厅之中，使得客厅明亮宽敞；并在原阳台位置设计了上、下两层储物柜，增加储藏空间。

设计单位：胭脂设计事务所
主要材料：白色乳胶漆、仿古地砖、铝扣条、防滑地砖

Ａ 平面示意图

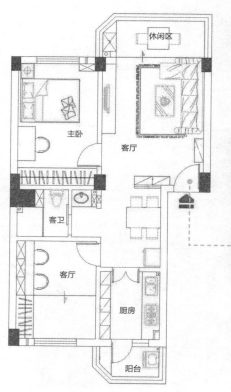

本案为地中海风格。蓝色门窗、白色墙面、蓝白条纹相间的壁纸和布艺，佐以贝壳、细沙混合的手刷墙面，小鹅卵石的路面，拼贴马赛克、贝壳的铁艺及器皿，每一件物品都荡漾着一份漫不经心的清新和恬淡。

D 客厅装修材料

1 白色乳胶漆
2 彩色乳胶漆
3 地砖

层次感分明的餐厅

在软装的选择上以条纹、格子布艺为主，错落有致的吊灯使天花板更富有层次感，餐厅区域墙面添加了壁柜方便业主在用餐时摆放物品，同时满足了日常的储存功能。

生活阳台融入客厅中，使得整个空间明亮宽敞，与餐厅相连更具纵深感。而门洞采用的经典圆拱式设计更显地中海氛围，蓝、白、黄相间的马赛克瓷砖也使整个空间变得活泼清新。精致的餐桌又给空间带来了田园风，耐人寻味。

ⓘ 绿色清新厨房

厨房色调采用相对清新的粉绿色，但地面偏灰的蔚蓝色地砖和墙面的马赛克瓷砖让它与外面餐厅相互融洽，并无突兀感，反而给人的视觉增添了新鲜的趣味性。

1 铝扣板
2 仿古地砖
3 仿古墙砖

ⓔ 卫生间装修材料

卫生间采用典型的地中海风格，蔚蓝色的瓷砖给人大海的感觉，舒适而自然。同时也加以马赛克瓷砖作为点缀，与整体装饰相呼应。

清新淡雅的卧室

房间采用清新淡雅的粉绿色，配以素雅的家具给人一种淡淡的田园风，自然的气息，同时与蔚蓝色的门相互映衬，内外呼应。

1 绿色乳胶漆
2 白色乳胶漆
3 复合地板

墙体储物空间巧利用

花开半夏

主设计师：缪婧

经典复古而又不乏现代感的线条设计，端庄大方的家具给人一种宁静而温暖的感觉。

设计单位：南京可米装饰工程有限公司
主要材料：白色乳胶漆、装饰壁纸、仿古地砖

▲ 平面示意图

虚拟空间的范围没有十分完备的隔离形态，也缺乏较强的限定度，只靠部分形体的启示，依靠联想和"视觉完形性"来划定空间，又称"心理空间"。这是一处可以通过简化装修而获得理想空间感的空间，它往往是处于母空间中，与母空间流通而又具有一定独立性和领域感。

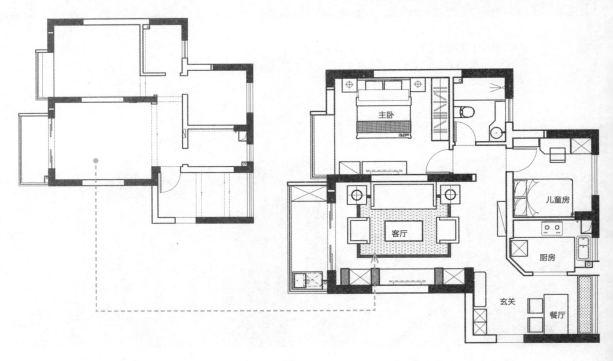

Ⓑ 美式古朴风客厅

客厅空间很大，利用拱形门洞和门洞内的装饰柜，构成了一个背景墙。斜方孔柜门的运用，将美式古朴的质感与现代风格的简约大气完美地结合起来。如此巧妙的结合，使得客厅区域像艺术品一样完美。

❸ 客厅装修材料

在柔美的基调上，陈铺颇为繁复的花纹地砖既不惹人注目，又在无形中提升了整个空间的奢华气质。

1 白色乳胶漆
2 装饰壁纸
3 仿古地砖

❹ 餐厅装修材料

1 白色乳胶漆
2 彩色乳胶漆
3 仿古地砖

简约的墙面与地面仿古砖的完美搭配使得整个餐厅溢满浓郁的怀旧感，餐桌椅的坐垫颜色与地面形成呼应过渡，添加的台灯也恰到好处。

❻ 卧室装修材料

黄色墙纸上的花朵与素白的床品搭配，一繁复一简洁，使整个空间和谐统一。

1 白色乳胶漆
2 装饰壁纸
3 复合木地板

开创性的美式风格，摒弃了烦琐和奢华，并将不同风格中的优秀元素汇集融合，以舒适机能为导向，强调"回归自然"，美式灯饰突出了生活的舒适和自由。

儿童定制床节省空间
蓝色的期许

主设计师：吴锐

本案的宗旨是最大化地利用空间，在空间允许的情况下把次卧面积改小，并间隔出餐厅区，扩大了活动空间。尽量有效利用空间，利用有限的资源，最大化地做出效果。

项目地点：武汉市凯旋铭邸小区
设计单位：方正纵横装饰
主要材料：马赛克瓷砖、杉木扣板、鹅卵石

 平面示意图

整个空间运用的颜色非常的活泼、靓丽，但又不显得不协调，很能体现客户对生活的喜爱和对美好未来的憧憬。海蓝色，淡黄色是整个空间的主色，也突显了地中海风格的特点。

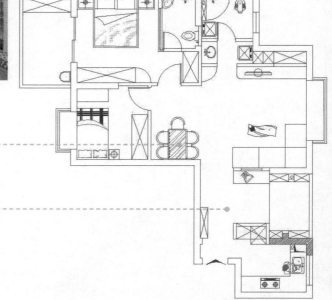

B 地中海风格客厅

设计师运用了一些好看的灯具、小挂物、植物，来营造一种温馨的感觉，在展示柜上摆放一些小玩物，很好地迎合了地中海风格的特点。

1 白色乳胶漆
2 彩色乳胶漆
3 马赛克瓷砖
4 复合木地板

地中海风格客厅

客厅和餐厅一体化，使得整个空间得体大方。而海蓝色和淡黄色是整个空间的主色，材质上采用的木质、马赛克瓷砖及条纹布艺，这几个特点也更好地体现了地中海风格。这样多元素的颜色搭配，增加了家的趣味性和温馨感。

1 白色乳胶漆
2 彩色乳胶漆
3 复合木地板

D 活泼氛围儿童房

设计师在软装设计中较注重实用性和空间性的色调搭配，为卧室营造出一个活泼、温馨、舒适的环境氛围。

1 白色乳胶漆
2 彩色乳胶漆
3 实木板

明亮通透的卧室

1 白色乳胶漆
2 彩色乳胶漆
3 马赛克瓷砖

由于每个空间都有一个窗户，所以白天每个空间的光照都非常充足。晚上，为了营造一种和谐的氛围，设计师运用了黄色的灯光加以点缀，让主人在晚上办公时也不会伤害眼睛。

卫生间与厨房装修材料

厨房以白色基调为主,增加了视觉上的空间感。窗户又用蓝色矮脚窗帘作为点缀,为厨房增添了一丝跳跃气氛,矮脚窗帘也在适当遮挡阳光的同时又不失透光性和通风性。

1 彩色乳胶漆
2 马赛克瓷砖
3 防滑地砖

1 铝扣板
2 防滑地砖
3 瓷砖
4 实木橱柜
5 大理石台面

卫生间运用马赛克瓷砖铺装,并增加了很多元素,使空间不过于呆板。卫浴中曲线的造型也给人一种闲逸优雅之感。

客厅角落空间巧利用

⑫ 葱茏岁月·雅致如歌

主设计师：于园

有人说："家"不是任何一个有邮递区号，邮差找得到的家；"家"不是一个空间，而是一段时光。作为设计师，我们雕刻的是一个优雅的容器，装载着一路走过的欢声笑语。设计师在利用实体墙的基础上，将原本动线乱且复杂的空间进行了改造，使整个布局更加方正，动线更加流畅，布局更加明确，真正做到了有条不紊的布局且充分地利用了空间。

设计单位：北岩设计
主要材料：进口墙纸、进口面砖、白色乳胶漆

Ⓐ 平面示意图

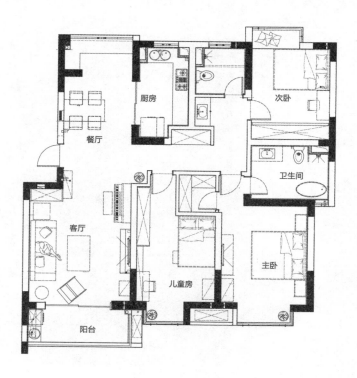

整个空间都以暖色调为主，主要运用了白调和棕灰色调子配上一些木制品，精致典雅的软装饰品使整个空间十分时尚。

Ⓑ 清新自然客厅

1 白色乳胶漆
2 墙纸
3 仿古地砖

设计师运用了欧式的家具与小饰品的搭配，营造出一个清晰亮丽的家。在桌子上摆放了一些花束，增加了生活情趣，使整个空间统一而又不沉闷。

1 铝扣板
2 壁纸
3 仿古地转

C 轻奢餐厅

整个空间的阳光很充足，白天只要打开窗户，就能得到足够的光照，非常节能环保。晚上，为了营造一种和谐的氛围，设计师选用了黄色的灯光加以点缀，再搭配白炽灯，让业主在晚上办公时也不会太伤害眼睛。

D 厨房装修材料

1 实木板
2 仿古地砖
3 实木橱柜
4 仿古瓷砖

厨房整体使用实木和仿古瓷砖的材质，给人亲近自然的感觉，室内采光明亮舒适。

ⓘ 明亮清雅的卧室

卧室的透光性很好，清雅的壁纸让人如沐春风，走进卧室，丝丝的田园气息扑面而来，而小物件的摆放更是整个空间的点睛之笔。

1 白色乳胶漆
2 墙纸
3 仿古地砖
4 装饰壁纸

粉色儿童卧室

儿童房的床单为彩色图案，其他的家具以白色为主，配上咖啡色的木地板，使整个空间沉稳舒适又不失活泼的气息。

不同功能分区色彩巧利用
十分颜色

主设计师：耿亮

设计师把空间分为动区和静区，很好地保护了业主的隐私。在空间利用上，设计师把大空间改造成实用合理的小空间。把阳台和客厅合并在一起，能让客厅的空间增大，光线更加充足，从而使整个规划更加合理。

设计单位：昶卓设计
主要材料：白色乳胶漆、仿古地砖、铝扣条、防滑地砖

 平面示意图

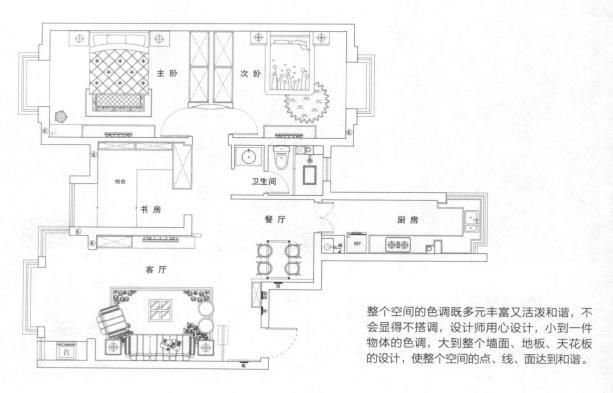

整个空间的色调既多元丰富又活泼和谐，不会显得不搭调，设计师用心设计，小到一件物体的色调，大到整个墙面、地板、天花板的设计，使整个空间的点、线、面达到和谐。

Ⓑ 客厅装修材料

1 白色乳胶漆
2 彩色乳胶漆
3 仿古地砖

客厅主要以一盏大的吊灯为主，在不同的房间，设计师摆放的灯具颜色也有微妙的变化。

● 简约温馨的餐厅

餐厅的桌椅以白色为主色调，搭配一些装饰物的融入，为餐厅增添了其他色彩，使整个空间透露着温馨和谐的氛围。

厨房的阳光比较充足，餐桌上的几盏白色筒灯摆件，既简洁又省电。

1 铝扣条
2 釉面砖

温馨浪漫卧室

设计师对卧室做了很好的色彩搭配，为业主设计出了一个温馨和谐、内敛沉着而又有内涵的家。整个空间由内而外散发的美，很难让人忘怀。

D 红色与蓝色相融合的卫生间

1 铝扣条
2 彩色乳胶漆
3 防滑地砖
4 马赛克瓷砖

卫生间入口处使用热情洋溢的深红色，这与室内其他几个区域所使用的颜色大相径庭，卫生间内部使用深灰蓝相搭配，有冰火两重天的效果。

客厅角落空间巧利用
书香绿苑

主设计师：黄莉

这是一套与以往风格完全不同的装修设计，充满着浓浓的异国情调，这也与业主的趣味和个性有着很大关系，女业主喜欢阅读，也走过很多地方，是一个有着丰富阅历的女子。业主在与设计师沟通时，特别提到了自己喜欢东南亚风格的装修设计。

设计单位：昶卓设计
主要材料：白色乳胶漆、仿古地砖、铝扣条、防滑地砖

Ⓐ 平面示意图

设计师从色彩搭配以及软装搭配上，充分考虑了业主的需求，整体风格自然而闲适，还带着一点点东南亚的神秘感，把业主行走世界带回来的装饰品完美结合到装修中，成就最后的与众不同。

1 白色乳胶漆　2 彩色乳胶漆　3 瓷砖

B 古典气息的客厅

1 白色乳胶漆
2 彩色乳胶漆
3 地砖
4 实木定制书柜

在客厅摆设一个透露着古典气息的书架，给整个空间增添不少韵味。设计师旨在追求把温馨的新古典很好地与现代元素融合在一起，使整个空间表面上看起来是沉着的绽放，但是当你细细地品味时，又会有一种深层次的内涵在里面。

沙发背景墙是一面书墙，浓浓的书香气迎面而来，从这也可以体现出业主的爱好，精致的小装饰物也点缀了书香氛围。

异域风情的餐厅

从餐厅看向客厅，仔细留意一下，你会发现
顶上的墙纸与酒柜上的墙纸遥相呼应。

1 装饰壁纸
2 白色乳胶漆
3 硅藻泥
4 抛光砖

D 卫生间装修材料

1 木质吊顶　　3 瓷砖
2 实木板　　　4 地砖

东南亚风格装修设计现在虽然不被太多人接受，但其质朴、舒适的特点，让人回味无穷！

E 简约明亮的厨房

1 杉木吊顶和防水石膏板结合
2 瓷砖
3 仿古地砖
4 实木橱柜
5 石英石

厨房简约明亮，干脆利落的线条感使得厨房更整洁有条理。

清新雅致的卧室

1 白色乳胶漆
2 装饰壁纸
3 实木地板

在外忙碌一天的都市人，回到家就是要彻底放松，在这样的氛围下，有什么理由不让人放下所有的疲惫。

在床头的背景墙处，设计师定制了一面花鸟图，而窗帘也同样使用了淡绿色，清雅的感觉扑面而来。

客厅角落空间巧利用
时尚阿拉伯

主设计师：陈文学

本案的设计是地中海风格，明亮、大胆、色彩丰富、简单、民族性是它的特点。重现地中海风格不需要太多的技巧，只需保持简单的意念，捕捉好光线，取材大自然，大胆地运用色彩和样式即可。

设计单位：文学设计事务所
主要材料：马赛克瓷砖、杉木扣板、鹅卵石

Ⓐ 平面示意图

在软装方面，地中海风格家具以其极具亲和力的田园风情及柔和色调的组合，很快被地中海以外的大区域人群所接受。

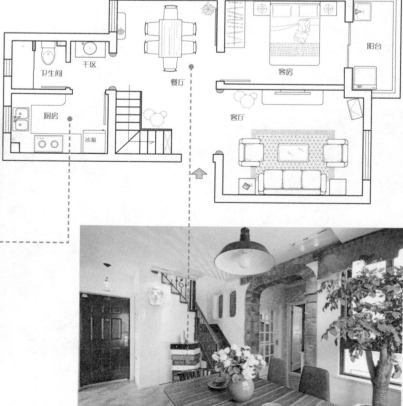

B 二层平面图

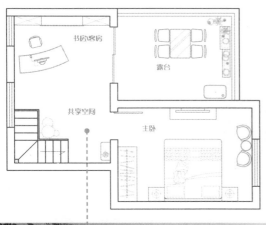

1 白色乳胶漆
2 彩色乳胶漆
3 复合木地板

B 艺术感十足的客厅

家具以木制、铁器、布艺为主，形成了亲切自然的室内环境氛围。木质材料是较好的室内装饰材料，且有自动调温和调湿的功能。铁艺和墙上的小挂件很有艺术风味。

1 白色乳胶漆
2 仿古地砖

Ｂ 仿古式的楼梯

楼梯口区域的门洞装修采用文化石装饰，地面采用仿古地砖，使整个空间更显复古，而楼梯更巧妙地采用仿旧材质的栏杆与之呼应，有整体、有细节，很耐看。

1 白色乳胶漆
2 仿古地砖
3 文化石

复古灯装饰别样餐厅

整个空间的色调运用非常活泼又和谐统一，没有显得不搭调。墙体的颜色主要是以白色为主，再通过与小物件的色调搭配，使整个墙面、地板、天花的设计与整个空间的点线面达到和谐。给人一种清晰、明朗、自然的气息。

卫生间装修材料

1 实木板
2 彩色乳胶漆
3 瓷砖
4 仿古防滑地砖
5 玻璃门

Ⓒ 卧室装饰材料

1 木饰面
2 白色乳胶漆
3 复合木地板

整个空间的光照度都非常充足，在各个区域搭配合适的灯具，既不夸张又能省电。在白天，作为一种装饰，在晚上，它便散发出温馨美丽的光线。灯具美丽的弧线映射在天花上，为整个空间带来一种别样的美感。

合理规划阳台休闲空间

悠悠西林下

主设计师：许志冰

本套设计方案，以现代简约为主，从总体风格到细部装饰都经过反复思考和比较，竭力创造出舒适、时尚、美观、低碳、环保的精品家居！让业主在忙碌了一天后，回到家里能够得到彻底的放松。

设计单位：厦门许志冰设计装饰有限公司
主要材料：复古防滑砖、白色乳胶漆、实木板、大理石

平面示意图

虚拟空间的范围没有十分明显的隔离形态，也缺乏较强的限定度，只是依靠联想和视觉完形性来划定空间，又称"心理空间"。这是一种可以从简化装修获得理想空间感的设计，它往往是处于母空间中，与母空间流通而又具有一定的独立性和领域感。

B 美式风格客厅

1 复合木地板
2 彩色乳胶漆
3 白色乳胶漆
4 大理石

美式建筑风格不是像欧洲的建筑风格那样一步步逐渐发展演变而来的，而是在同一时期接受了许多种成熟的建筑风格，相互之间又融合又相互影响的结果。

1 实木板
2 复古防滑砖

暖色调餐厅

餐厅的灯光很重要既不能太强又不能太弱，所以设计师选择了暖黄色基调的灯饰。

1 白色乳胶漆
2 饰面板
3 实木地板

餐厅中独特的天花设计加上别致的吊灯给人一种耳目一新的感觉，简单而独具特色的餐桌也别有一番味道，小巧的吧台更给人一种闲情逸致的感觉。

温馨主卧室

1 白色乳胶漆
2 彩色乳胶漆
3 复合木地板

作为卧室主要灯源，柔黄色调的光线会让人感觉卧室更为温馨。材质方面，设计师则建议选择全金属灯具，这样才能很好地保证电镀层吊灯不会因为长期使用而掉色。

D 男孩房 & 女孩房

女孩房采用了浅绿色与白色为主色。其中浅绿色清新、自然，又象征着蓬勃的生命力与朝气。

男孩房则以米黄色、深蓝色、白色为主色。米黄色代表着温暖，给人一种温馨的感觉。深蓝色与白色搭配表现出了清爽、明朗与洁净之感。上方那充满艺术感却又不失童趣的吊灯为空间增添了活力。

1 白色乳胶漆　2 彩色乳胶漆　3 实木地板

D 干净整洁卫生间

卫生间原生态的木质建材使家具不仅环保，而且还有装饰效果，整个空间清新自然、美观大方。

17

客厅角落空间巧利用

鸟语花香

主设计师：卢小刚

本案的设计主题是：当你生活乏了，工作累了，心疲倦了，把那些复杂与沉重慢慢卸下，脚步轻盈地漫步于幽幽森林中，沉浸在辽阔的绿色林海。微微湿润的空气中，散发出百花芳香。鸟语声声，溪水潺潺，松涛虫鸣。阵阵微风随着长发拂过衣角，丝丝阳光透过指缝嵌入斑驳的时光。安静中聆听大自然的音符，聆听森林的交响曲，倾听生命的韵律。全身心享受眼前带有诗意的景致，所有心结得以暂时释放。

设计单位：成都卢小刚装饰设计
主要材料：有色乳胶漆、仿古砖、复合地板、仿木纹做旧定制衣柜、订制花鸟墙纸

 平面示意图

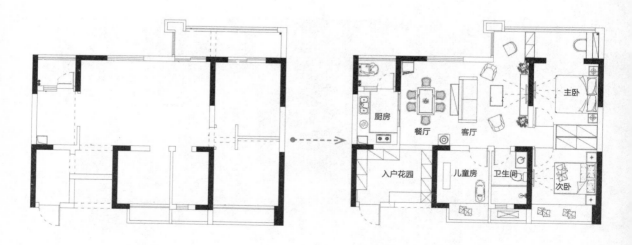

本案设计为纯田园式风格，从入户到客厅都以黄色和深绿色为主，使业主走进家里时有种远离尘世喧嚣，回归自然、走向森林之感。

Ⓑ 统一对称的客厅

1 仿古砖
2 有色乳胶漆
3 订制仿古家具

沙发的黄色与入户柜门的色彩
相互辉映，一簇一簇的鲜花，
一唱一和的鸟儿，将整个房间
的氛围渲染得热闹非凡。

入户的拱形门洞与电视墙的
拱形门相呼应，电视墙拱形
门洞里的田园墙纸，仿佛将
我们带到了生机盎然的丛林
中，伴着鸟儿的曲调，悠闲
地品一杯茶，时间便停在了
这惬意的氛围中。

1 实木桑拿板吊顶   3 仿古砖

2 有色乳胶漆   4 灰色储物柜背板饰面

灯光柔和的餐厅

由于餐厅与客厅相连，设计师便通过不同样式的吊顶把空间的使用功能做了明确的划分。弧形的转角设计让空间不再那么生硬，柔和的灯光使整个空间有种自然美。

Ⓓ 美观实用的衣帽间

入户花园打造的步入式衣帽间，兼顾了实用美观功能，设计师在施工工艺上做了很大胆的尝试和创新，与业主一起开启了这趟奇幻的冒险旅程。

Ⓔ 转角设计的厨房

1 仿木纹做旧铝扣板吊顶
2 订制复合木组合柜
3 仿古瓷砖
4 拼贴墙砖

厨房采用了转角 "L" 型的设计。遵循了洗菜、切菜、炒菜的使用功能，进行合理的布局。从而减轻操作者的劳动强度。最主要的还是方便使用，其次是美观。在色彩方面，厨房的瓷砖墙面采用了绿色小花砖搭配浅色仿木纹的浅色柜门，延续客厅的小清新风格，整个色彩很协调，表面光洁，易于清洗和打理。

与阳台连为一体的卧室

1 定制复合木家具
2 白色乳胶漆
3 复合地板
4 浅绿色乳胶漆

儿童游戏房

游戏房，考虑业主的需求，我们并没有把房间功能绝对化，而是打造成了一个多功能的活动空间，业主也希望有一个独立的休闲区或者说是一个放松的空间，不管是孩子还是家长都需要一个舒缓压力的地方，还可以在这个空间记录家长和孩子成长的美好时光。随着孩子的成长，房间功能也会随之改变幼儿活动房－游戏房－书房－客房。

主卧室白色的顶面和绿色的墙面用石膏线条分割的设计，让空间更有层次感，设计师拆除了卧室到阳台的推拉门，将阳台纳入卧室中，使整个空间通透大气。同时将客厅的阳台区域划分开，保证了卧室与书房的私密性。这种设计是希望业主回到家时疲惫的身躯能得到真正的放松。

多余地砖巧利用
粉色的蝴蝶

主设计师：黄莉

本案的设计中带有点点的田园风，乳白色模压门，搭配仿古小砖更能体现出美式风格的雅致，使业主一进门便能感受到那种回到家的舒服感和别致感。

设计单位：昶卓设计
主要材料：白色乳胶漆、瓷砖、复合木地板、铝扣板、大理石台面

Ⓐ 平面示意图

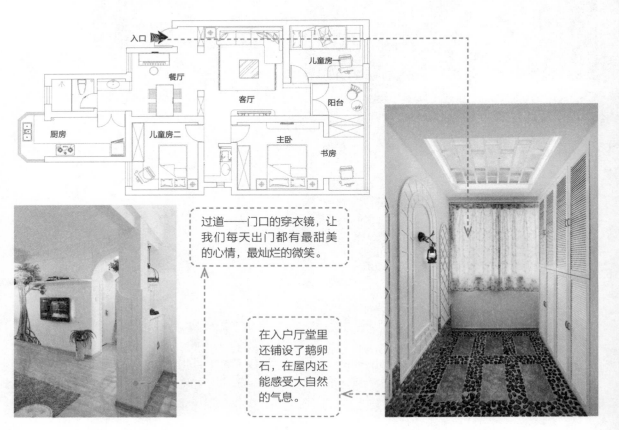

过道——门口的穿衣镜，让我们每天出门都有最甜美的心情，最灿烂的微笑。

在入户厅堂里还铺设了鹅卵石，在屋内还能感受大自然的气息。

B 暖黄色的浪漫客厅

1 复合木地板
2 瓷砖
3 白色乳胶漆

客厅是暗厅，因为没有窗户，设计师在沙发旁巧妙地做了一扇假窗再配上窗帘，给空间增加了深度。

客厅电视背景墙采用了手绘壁画的形式，体现了业主对大自然的向往和热爱，同时，为家里增添了舒适浪漫的情怀。

暖黄色的浪漫客厅

客厅的墙面乳胶漆是暖黄色，沙发也是黄色系的皮质，给人温馨舒适的感觉，白色柜的茶几给客厅带来一丝纯洁的气息。

酒柜将实用与美观合二为一。

D 与酒柜相结合的餐厅

餐厅中原结构中的大柱子，做了一个酒柜，既实用又解决了空间中的难题。

E 材质统一的厨房

厨房里的窗户使用了橘黄色的窗帘，在阳光的照耀下使得厨房更加明亮有生气。

厨房有个不得不说的小秘密，墙面的深色瓷砖，是地面瓷砖加工后，多出的一部分，设计师把它们利用起来，因为有了这个点缀，效果更好。

1 铝扣板
2 防滑地砖
3 实木橱柜
4 大理石台面
5 仿古瓷砖

卧室装修材料

1 白色乳胶漆
2 彩色乳胶漆
3 复合木地板

主卧室延续了客厅的色调，因为业主都是老师，有很多的书需要摆放，因此设计师将床的对面也做了书柜。

在卫生间处用水晶球帘子做装饰，此设计与水有了很好的融合，体现出了卫生间活泼、清灵的感觉。

Ⓕ 简约书桌儿童房

房间的粉色调把儿童天真烂漫的性格展现出来，那种粉粉的、甜甜的感觉是属于童年美好的梦幻世界。

19

利用隔断增加储物空间

合景峰汇

主设计师：王义胜

现在很多楼盘的样板间整套房子居然没有一个衣柜，这种设计是为了让空间显得既宽敞又美观但并不实用。设计要符合一定的风俗及审美习惯，比方说一般人不喜欢进门后一览无余，这可以通过设置玄关来处理；一般人不习惯门与床正对，可以适当调整床位或设置屏风；几道门开在一条直线上，既不符合传统的风水又不符合现代的审美，也可以通过非承重结构的调整来解决。

设计单位：苏州大旗建筑装饰设计工程有限公司
主要材料：淡蓝色乳胶漆、装饰壁纸、实木地板、仿古地砖

 平面示意图

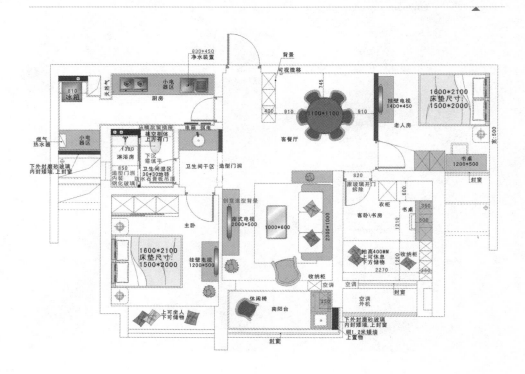

B 艺术灯装饰客厅

不同的居室灯光效果来自于照明灯光、背景灯光和艺术灯光的有机组合；在摆件的选择和在位置设置上，应尽量突出个性和美感。

米色台灯与深棕色沙发和同色系的抱枕互相衬托出客厅的和谐。

墙上的装饰画唯美宁静，对称的画面富含诗意，使人一下子进入了冥想的状态，拓宽了人们对客厅空间的感受范围。虚与实、动与静交替相融，增加了空间的生动性，提高了空间的艺术内涵。

1 淡蓝色乳胶漆
2 仿古地砖
3 装饰壁纸

餐厅装修材料

餐厅整体暖色调给人温馨的感觉，圆形的餐桌与方形天花对应，为空间增添了层次感，装饰画与花瓶这些细节的点缀更为空间增加了诗意。

1 淡蓝色乳胶漆
2 装饰壁纸
3 仿古地砖

D 复古温暖的厨房

厨房运用明亮的色调，让原本比较狭窄的空间变得宽阔起来，看起来更加舒服自然。仿古瓷砖为整个厨房添加了活跃的元素。

1 防水石膏吊顶
2 仿古瓷砖
3 实木橱柜
4 人造大理石台面
5 仿古地砖

对称壁灯装扮卧室

淡蓝色窗帘让人感到神清气爽，同时淡蓝色还能使人产生冷静、静心的作用，因此对于脾气略急躁或感性的"性情中人"来说，蓝色装饰可以缓解其急躁、冲动的性格。

1 淡蓝色乳胶漆
2 装饰壁纸
3 实木地板
4 地砖
5 彩色乳胶漆

淡蓝色调卫生间

淡蓝色马赛克瓷砖给卫生间营造出一种清新雅致的感觉，格局布置上干湿分离，更显干净整洁。

纯净色调卧室

在家具的选择上强调让形式服从功能，一切从实用角度出发，摒弃多余的附加装饰，点到为止。简约，不仅仅是一种生活方式，更是一种生活哲学。家中的色彩不在于多，在于搭配。过多的颜色会给人以杂乱无章的感觉，在美式风格中多使用一些纯净的色调进行搭配，这样无论怎样的家具造型和空间布局，都会给人耳目一新的惊喜。

低矮家具开阔视野

珊瑚岛奇遇记

主设计师：导火牛

本案设计是典型的地中海风格，以蓝色、白色、黄色为主色调，这些活泼、清晰明朗的色调，使整个空间看起来明亮悦目。

设计单位：导火牛设计团队
主要材料：外墙防水漆、马赛克瓷砖、水曲柳

 平面示意图

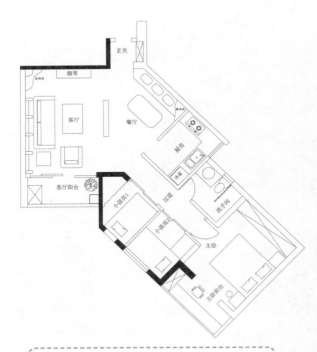

在家具选配上，通过擦漆做旧的处理方式，搭配渔网、布艺的条纹、格子图案等，表现出自然清新的生活氛围。

Ⓑ 布艺沙发装扮客厅

在选择窗帘、沙发套等布艺品上，可以选用粗棉布，让整个空间显得的复古味十足。同时，在布艺的图案上，最好选择一些素雅的图案，这样会更加突显出蓝、白两色所营造出的和谐氛围。

蓝色海洋风格餐厅

设计师在设计室内照明时，一般不会选用特别刺眼的灯光效果。本案的房间光照又特别充足，所以设计师选用了一些颜色温和又很有特色的灯具来搭配，从而使整体空间达到和谐统一的效果。

D 色彩明快的厨房

在家具方面，设计师选用的是一些比较低矮的家具，这样能使视线更加的开阔。同时，家具的线条以柔和为主，圆形或椭圆形的木制家具，使整个空间浑然一体。

1 仿古瓷砖
2 白色乳胶漆
3 饰面板

卧室装修材料

在软装搭配上，主要运用一些色彩鲜明的色彩做搭配，如蓝色、黄色、红色等，使得整个空间清新自然。布艺的图案多以条纹、格子为主，给人一种简洁明快的舒适感。